中国平方公里阵列射电望远镜（SKA）发展报告

王琦安 等　编著

科学技术文献出版社
SCIENTIFIC AND TECHNICAL DOCUMENTATION PRESS
·北京·

图书在版编目（CIP）数据

中国平方公里阵列射电望远镜（SKA）发展报告 / 王琦安等编著. —北京：科学技术文献出版社，2022. 5
ISBN 978-7-5189-9175-4

Ⅰ. ①中⋯　Ⅱ. ①王⋯　Ⅲ. ①射电望远镜—研究报告—中国　Ⅳ. ① TN16

中国版本图书馆 CIP 数据核字（2022）第 079788 号

中国平方公里阵列射电望远镜（SKA）发展报告

策划编辑：张　闫　　责任编辑：李　晴　　责任校对：张　微　　责任出版：张志平

出 版 者　科学技术文献出版社
地　　址　北京市复兴路15号　邮编 100038
编 务 部　(010) 58882938, 58882087 (传真)
发 行 部　(010) 58882868, 58882870 (传真)
邮 购 部　(010) 58882873
官方网址　www.stdp.com.cn
发 行 者　科学技术文献出版社发行　全国各地新华书店经销
印 刷 者　北京时尚印佳彩色印刷有限公司
版　　次　2022 年 5 月第 1 版　2022 年 5 月第 1 次印刷
开　　本　787×1092　1/16
字　　数　41千
印　　张　3.5
书　　号　ISBN 978-7-5189-9175-4
定　　价　28.00元

前　言

国际大科学工程——平方公里阵列射电望远镜（简称“SKA”）是由全球多国合资建造和运行的世界最大规模的综合孔径射电望远镜，其最终建设规划的接收面积达1平方公里，为人类认知宇宙提供了重大机遇。SKA由政府间国际组织平方公里阵列天文台（简称“SKAO”）负责建设运行，澳大利亚、中国、意大利、荷兰、葡萄牙、南非、瑞士、英国、加拿大、法国、德国、印度、日本、韩国、西班牙、瑞典等国家参与建设。2018年习近平主席在出访南非参加中南科学家高级别对话会开幕式的致辞中指出，平方公里阵列射电望远镜是包括中国在内多国科学家参与的重点项目。

SKA是由大量小型射电天线构成绵延至上千公里的综合孔径阵列，集大视场、高灵敏度、高分辨率、宽频率范围等卓越性能于一身，其科学研究目标包括第一代天体如何形成、星系形成与演化、暗能量性质、宇宙磁场、引力本质、生命分子与地外文明等，其中任何一个问题的突破，都将是自然科学的重大突破。其革命性设计也意味着难以想象的超大信息量和数据量，颠覆了射电天文学的传统研究手段，给射电天文学创新研究带来了全新理念。

科技创新是人类社会发展的重要引擎，是应对许多全球性挑战的有力武器，也是中国构建新发展格局、实现高质量发展的必由之路。国际大科学计划和大科学工程是基础研究在科学前沿领域的全方位拓展，是人类开拓知识前沿、探索未知世界和解决全球性重大问题的重要手段。2020 年 9 月，习近平总书记在科学家座谈会上的讲话中指出，要持之以恒地加强基础研究，更加主动地融入全球创新网络，在开放合作中提升自身科技创新能力。2021 年 5 月，习近平总书记在两院院士大会上进一步强调基础研究要勇于探索、突出原创，推进对宇宙演化、意识本质、物质结构、生命起源等的探索和发现，拓展认识自然的边界，开辟新的认知疆域。中国参与 SKA 国际大科学工程与国家重大战略规划紧密契合，符合中共中央、国务院印发的《国家创新驱动发展战略纲要》《积极牵头组织国际大科学计划和大科学工程方案》《中华人民共和国国民经济和社会发展第十四个五年规划和 2035 年远景目标纲要》等有关要求，是“构建人类命运共同体”的具体科技行动，为我国基础科学和高新技术领域走近世界舞台中央、融入全球创新网络、与国际同行共同推动世界科技创新与进步、应对人类社会面临共同挑战提供了战略性机遇。

中国一直是 SKA 的坚定倡导者和贡献者。多年来，中国政府、工业界及射电天文科技界与来自 20 多个国家的 1000 多名工程师和科学家共同参与了 SKA 的设计研发和科学问题研究，多次在华举办 SKA 工程大会、SKA 大数据研讨会等多边、双边国际会议，在 SKAO 国际组织创立和国际规则制定等事务中发挥了积极作用。中国团队与来自澳大利亚、加拿大、德国、意大利、南非、瑞典、英国等国家的优势科研机构强强联合，共同完成了 SKA 建设准备阶段反射面天线、信号与数据传输、低频孔径阵列、科学数据处理等多个国际工作包联盟的工程设计研发工作，并于 2017 年当选为 SKA 反射面天线工作包联盟主席，领导该工作包的技术研发，通过国际大协作完成 SKA 首台天线样机建设，兑现了中国参加 SKA 建设准备阶段的各项承诺，为 SKA 的顺利推进奠定了坚实基础。此外，我国科学家积极参与 SKA 科学目标的制定和科学白皮书的编制工作，参与了其中 31 章的编制；国内数十名科学家参与了 SKA 国际科学工作组，并担任其中 7 个科学工作组的核心成员；中国自主研发的 SKA 区域中心原型机为 SKA 先导望远镜的关键科学项目及 SKA 数据竞赛提供资源服务，并参与全球 SKA 区域中心网络的建设准备工作。

我国射电天文研究始于新中国成立之后，进入 21 世纪，随着我国综合国力的不断增强，射电天文学近年来发展迅猛，潜力巨大，但与国际先进水平仍有差距。通过参与 SKA 国际合作，中国射电天文及相关基础科学、高新技术领域的研究能力和技术水平显著提升。1994 年中国作为 SKA 首倡国提出了自己的 SKA 概念并参与了台址竞争，设计了大口径、小数量单元的 SKA 技术路线，并逐步形成了 500 米口径球面射电望远镜（简称“FAST”）的概念。虽然最终 SKA 选择了大数量、小口径射电天线单元组阵作为工程概念优选方案，但中国在 SKA 国际合作中孕育并建成了 FAST 这一目前世界最大、瞬时灵敏度最高的单口径射电望远镜。随着 SKA 进入建设阶段，中国作为正式成员将持续深度参与 SKA 的建设、运行、科学研究、技术研发等各项工作，进一步提升中国射电天文基础研究和高新技术研发能力，以国际合作促进国内自主研发，实现国内外协同发展。此外，通过参与 SKA 建设准备阶段的设计研发工作，中国团队积累了国际大科学工程组织、建设和管理的先进经验，有助于相关产业的快速、健康发展和产业升级，为中国培养一支具备国际视野和国际合作经验的高素质、国际化、专业化的科技和管理人才队伍，为今后中国发起和参与更多的国际大科学计划、国际大科学工程和国际合作项目积累经验和创造条件。

2019 年 3 月，科技部代表中国政府在意大利罗马签署《成立平方公里阵列天文台公约》（简称《公约》），加入 SKA 第一阶段，与澳大利亚、意大利、荷兰、葡萄牙、南非、英国共同成为 SKAO 国际组织的创始成员国；同期，国务院批准科技部统筹考虑中方对外贡献、国内配套研发和组织管理设立 SKA 专项，专项管理办公室设在科技部国家遥感中心（SKA 中国办公室）。2021 年 4 月全国人大常委会第二十八次会议批准《公约》，习近平总书记签署《公约》批准书，中国正式成为 SKAO 成员国，与各成员国共同参与 SKAO 国际组织治理和决策，中国参与 SKA 进入全新阶段。为做好加入 SKAO 的履约工作，通过 SKA 专项的部署实施，我国将集中精力投入科学准备，提升我国射电天文、基础物理、信息科学等领域面向世界科技前沿的创新能力，促进相关高新技术发展和高水平人才队伍建设，积累国际大科学工程组织管理经验，高举人类命运共同体大旗，在与各成员国合作解决全球关键科学问题中提供中国方案，做出更大贡献。

为介绍中国参加 SKA 国际大科学工程的发展理念和实践成果，以及统筹组织协调国内外资源和力量做好 SKA 履约工作的政策举措，展望中国 SKA 未来发展，特编制本报告。

国家遥感中心

（SKA 中国办公室）

2021 年 8 月

目　录

一、总体指导思想

（一）积极融入全球 SKA 创新网络

从构建人类命运共同体的需求出发，持续深入参与 SKA 国际大科学工程。积极融入全球 SKA 创新网络，深入参与 SKAO 国际组织创新治理和国际规则制定，促进各成员国交流互鉴、资源开放共享。以全球视野谋划和推动射电天文领域相关科学和技术创新，通过参与 SKA 积累我国参与国际大科学工程的经验，提高对外开放水平，加强创新能力开放合作，共同解决人类认知宇宙的重大科学问题，为人类科技进步做出贡献。

（二）提升我国射电天文基础研究水平

紧密围绕国际 SKA 总体科学目标和任务规划，确定中国 SKA“2+1”科学目标和“三步走”发展战略，以“宇宙黎明和再电离探测”“脉冲星搜寻、测时和引力理论检验”为重点方向，以其他优势领域为特色方向，集中精力投入科学队伍建设，培养面向 SKA 数据处理的人才队伍，加强人才智力的开放合作，快速提升我国射电天文科学研究水平，积极开展与各国 SKA 探路者设施及 SKA 成员国的交流合作与共享，获得丰硕科学成果。

（三）带动前沿技术发展

在SKA研发设计和工程建设中贡献中国方案。以实物贡献形式为主，实现中国参与SKA第一阶段（简称“SKA1”）工程建设采购。面向SKA第二阶段（简称“SKA2”）技术需求和必要性，开展部分前瞻性技术研究，保证SKA在未来数十年的国际领先性；带动牵引相关领域的技术研发和转化，探索实现“沿途下蛋”效应。

围绕中国参与SKA总体指导思想，本报告从科学研究、工程技术研发、人才培养和组织管理等方面，全面布局中国参与SKA履约工作。

二、科学研究布局

SKA建成后，各国科学家将使用SKA开展合作研究，集结人类共同智慧探索未知世界的奥秘。我国射电天文研究队伍和基础研究能力与国际先进水平仍有差距，必须主动布局，积极做好科学准备，储备人才力量，以国际合作提升国内射电天文研究水平和相关技术领域的科技创新能力。

（一）中国SKA“2+1”科学目标

2015年SKA组织（公司）联合全球20多个国家500余名顶尖科学家共同讨论确定了SKA望远镜重点科学目标，涵盖了宇宙学、宇宙再电离时期探测、脉冲星物理、宇宙磁场、生命摇篮等相关科学内容。基于国际上对于SKA未来科学研究方向的布局，结合我国射电天文领域研究基础，科技部和中国科学院组织国内射电天文学界，逐步确立了中国SKA“2+1”科学目标，选定“利用中性氢探测宇宙黎明和再电离、通过脉冲星探测引力波及精确检验广义相对论”为重点方向，以其他优势领域为特色方向，集中精力投入科学队伍建设，实现科学上从跟跑到并跑，力争在个别领域实现领跑，取得SKA的第一科学发现，获得丰硕科学回报。

中国SKA“2+1”科学目标选定的10个科学方向与国际SKA遴选的优先科学目标高度契合，其中“2”为两个重点科学方向，分别是“宇宙黎明与再电离探测”和“脉冲星搜寻、测时和引力理论检验”；“1”为“中性氢巡天和宇宙学”“宇宙磁场”“星际介质”“暂现源探测”“活动星系核和黑洞”“中性氢动力学和演化”“生命摇篮”“超高能宇宙射线低频探测”8 个特色科学方向。

（二）中国参与 SKA 科学研究“三步走”战略

为了确保中国 SKA“2+1”科学目标的实现，通过国际合作提升中国射电天文科学研究能力，培养具备国际水平的科学团队，中国参与 SKA 第一阶段科学研究按照“三步走”的 3 个阶段组织实施。

第一阶段（2020—2024 年），望远镜建成前，利用国内外 SKA 探路者和先导设施练兵，以发展射电阵列望远镜数据处理技术为重点，集中力量开发射电阵列望远镜的数据处理软件，尽快掌握射电阵列望远镜核心数据处理方法，培养一批射电阵列望远镜观测技术和数据处理人才，提高国际知名度和影响力，为未来在 SKA 建成后能够提出好的科学项目建议奠定基础。

第二阶段（2025—2029 年），望远镜第一阶段初步建成、调试运行期间，利用初具规模的 SKA 望远镜进行观测并获得早期 SKA 科学数据，集中人力投入数据处理和分析，掌握 SKA 核心数据处理技术和软件，凝练出部分优势方向，积极参与 SKA 国际科学工作组，提出被国际同行接纳的 SKA 项目建议。

第三阶段（2030 年后），望远镜正式运行后，在与国际同行合作研究中提出被广泛接受的项目建议，领衔 SKA 部分科学任务，取得第一科学发现。

（三）中国 SKA 科学细化方案（2020—2024 年）

立足中国 SKA“2+1”科学目标，科技部组织国内射电天文相关领域优势单位和同行专家，面向中国 SKA 科学研究“三步走”战略的第一阶段，研究形成《中国参与 SKA 第一阶段科学部分细化方案（2020—2024 年）》，对国内 SKA 科学预研准备工作进行了详细规划布局，提出了中国 SKA“2+1”科学目标 10 个具体研究方向的任务分解、关键科学和技术问题、进度安排、经费、启动时间等内容，5 年内重点投入 SKA 科学队伍特别是数据处理人才队伍的培养，积极开展与国际 SKA 探路者设施及 SKA 成员国的合作，力争在 SKA 第一阶段交付使用前，确保两个重点科学目标的深度参与，形成若干具有中国特色的优势研究领域，并适时培育和扶持一批新兴研究领域，为未来利用 SKA 数据产出科学成果做好充足准备。

三、工程技术布局

SKA是人类有史以来建造的最庞大的天文设备，建设规模庞大，系统设计复杂，资金投入巨大，建设和运行周期长，将分阶段逐步完成建设。SKA1预计在2029年之前完成10%的SKA建设任务，余下建设任务拟在SKA2完成（2029年以后）。我国与各成员国共同参与SKA的工程建设和技术研发，积极推进SKA区域中心的方案论证和组织实施，在建设世界上最大的射电望远镜中应用中国方案、提供中国技术、展现中国创造，同各成员国一道为SKA做出更大贡献。

（一）中国参与SKA工程建设

自2013年起，中国与10余个国家的优势科研单位组建国际工作包联盟，共同参与SKA1工程设计研发工作，为SKA1建设制定工程技术方案。经过多年的技术攻关，我国部分研发团队实现了技术上的跨越，在技术方案、性能指标、成本、技术成熟度和工程可实施性等方面具有明显优势，成功当选反射面天线工作包联盟主席，同时参与了低频孔径阵列、信号与数据传输、科学数据处理等工作包的研发工作。

根据SKA理事会筹备专项任务组多轮磋商后形成的分配型采购谈判阶段性成果，以及SKAO国际组织的工程采购谈判进展，未来各国参与SKA1工程建设采购主要有现金采购和实物采购两种模式。为进一步落实中国参与SKA1工程建设的公平回报，结合国际谈判情况和前期研发基础，SKA 中国办公室将根据国际采购的进度安排情况进行统筹规划，组织协调管理未来采购协议签署、执行、过程管理和实物贡献交付等工作。

（二）中国参与 SKA 高新技术研发

天文学是一门以观测为基础的学科，新的仪器设备的使用将对天文观测产生变革式的影响。为保证 SKA 的世界领先性，抢抓全球科技发展的先机，SKAO 在先进仪器项目中规划了中频孔径阵列、宽带单像素馈源、相控阵馈源等方向，在 SKA1 建设期间对于 SKA2 涉及的技术研发提前布局。

中国参与 SKA 的高新技术研发部署立足 SKA2 需求导向，推动我国射电天文相关技术与国际同步接轨，力争在部分领域实现跨越式发展。结合国际上 SKA2 设计研发的实际情况，分阶段分批次安排面向 SKA2 的技术研发，同时紧密围绕中国 SKA“2+1”科学目标和需求，为国内射电天文相关技术的发展提供保障。

（三）中国参与全球 SKA 区域中心网络建设

未来 SKA 望远镜观测将产生高速数据流，科学数据量十分庞大。SKA 区域中心承担着望远镜科学任务处理的工作，是实现 SKA 科学目标的关键环节。目前国际上正在积极推动全球 SKA 区域中心网络的总体规划和方案设计，根据目前规划，构成全球 SKA 区域中心网络的节点将由各成员国独立建设或者联合建设。

为保证中国在参与国际 SKA 科学研究中的主动权，提升我国科学家的科学竞争力，SKA 中国办公室组织国内射电天文、高性能计算、数据处理等多个领域专家组成中国 SKA 区域中心工作组，对于我国参与全球 SKA 区域中心网络的各项工作进行部署，开展建设中国 SKA 区域中心的研讨论证。随着国际上 SKA 区域中心具体方案的逐步确定，将持续推动落实中国 SKA 区域中心的总体规划、详细设计和部署实施。

四、人才培养布局

科技创新的根本源泉在于人，重大发明创造和技术创新的关键在于人才，科技创新能力和科技人才已成为提升综合国力和国家竞争能力的关键要素。通过参与 SKA，在射电天文基础研究和前沿技术相关领域与国际同行共同开展高水平合作，培养顶尖科技和管理人才，提升我国射电天文科学和技术领域的研究水平，积累国际大科学工程的组织管理经验，努力成为国际重大科技议题和规则的倡导者、推动者和制定者。

（一）系统谋划培养 SKA 科研队伍

通过合理的专项规划、阶段性目标分解、项目部署进度等综合布局，确保 SKA 专项的持续投入，遵循基础研究一般规律，着力培养一支长期持续、稳步增长的 SKA 科研队伍；在 SKA 专项科学研究项目中，将人才培养目标作为项目任务书中的核心考核指标和综合绩效评价的重点考核内容，在 SKA 专项项目评价和人才评价中推行国际同行评价、评估机制，鼓励 SKA 多边、双边联合研究，建立适应基础研究和国际合作需求的 SKA 人才培养长效机制，快速提升我国科研人员，尤其是青年科研人员在射电天文基础研究和相关技术研发方面的能力和水平；通过组织相关培训，推动学生和青年科研人员赴国外射电天文研究优势单位联合培养、访问交流等，持续加强 SKA 科学和技术研究后备人才力量储备。

（二）构筑全球 SKA 人才创新高地

抓住中国参与 SKA 的国际合作机遇，在全球范围内加强人才智力的开放合作、互利共赢，推动全球 SKA 智力资源的共同开发、成果共享，促进全球射电天文领域的共同发展、共同繁荣。搭建与国际接轨的科研学术环境，着力创造适宜国际化人才发展的良好科研生态，鼓励科研单位引进国际优秀同行专家担任科研带头人或共同负责人组建国内 SKA 研究团队，给予稳定支持，充分利用全球科技和智力资源加强国际合作，带动我国射电天文领域研究队伍和研究能力的持续发展。

（三）加强复合型管理人才培养

SKA 建设规模大、系统繁杂、技术难度高、专业技术领域广，涉及多边、双边跨国合作及国内多机构沟通协调，且需要培养一批具有全球视野、通晓国际规则、适应 SKA 大科学工程组织管理的专业化人才队伍，促进 SKA 各项目标的实现。

通过持续举办面向国际组织和国际大科学工程的人才培训班等方式加大复合型管理人才培养力度，积极选拔推荐人员赴 SKAO 国际组织工作，为我国参加 SKA 建设和运行等工作提供人才保障，同时进一步积累我国在国际大科学工程运行、管理与国际合作等方面的经验。

五、组织管理机制

中国是第一批签署《公约》的创始成员国，有责任也有能力在全球 SKA 事务中发挥更大作用，应完善国内组织管理体系，做好 SKA 专项的顶层设计和整体规划布局，持续深入参与 SKAO 国际组织运行与国际规则制定，在全球 SKA 科技治理中贡献中国智慧。

（一）完善国内组织管理体系

2012 年 9 月，国务院批准以科技部名义加入 SKA 建设准备阶段，并授权由科技部牵头，联合国内相关部门组建部际协调小组。部际协调小组成员单位包括外交部、财政部、教育部、中国科学院、国家自然科学基金委、中国电子科技集团有限公司（简称“中国电科”）等国内相关部门和单位。2015 年，国务院授权科技部代表中方参加 SKA 政府间谈判，统筹协调我国参加 SKA 建设准备阶段的有关工作。

2019 年 3 月，国务院批准科技部代表中国政府签署《公约》，并统筹考虑中国对外贡献、国内配套研发和组织管理设立 SKA 专项。科技部在原有部际协调小组办公室基础上设立 SKA 专项管理执行机构（SKA 中国办公室，具体设在国家遥感中心），组织协调落实我国参与 SKA 各项工作，支撑国际谈判和对外履约执行，承担我国 SKA 相关研究计划项目和工程建设的专业化管理职能。

（二）积极参与 SKA 国际治理

根据《公约》规定，理事会是 SKAO 的治理机构，每个成员国在理事会中最多有两名代表，其中之一为投票代表，每个成员国在理事会均有一票表决权。SKAO 理事会下设科学与工程咨询委员会和财务委员会等咨询机构，为 SKA 科学项目的评估与发展、建设活动进度和变更、试运行和科学验证、运行方案落实、SKA 区域中心网络规划与执行、SKAO 研发项目的规划与执行、实物贡献管理、采购和招投标、行政管理等核心重要议题的决策提供意见与建议。

我国批准《公约》后，中国作为 SKAO 理事会成员，与其他成员国共同参与 SKA 项目执行中的重大问题决策，参与 SKA 建设、运行、科学研究和技术研发等各阶段工作，根据政府间谈判中承诺的出资额度和出资计划以现金和实物的方式进行财务贡献，并依据财务贡献所占比例分配望远镜使用时间。中国在理事会上有两名正式代表，并可以根据需要聘任顾问支撑SKAO运行所涉及的各项政策议题。为积极推动国际规则制定与国际组织的顺利运行，中国积极派人员参加 SKAO 理事会及下设委员会和工作组的讨论磋商，在 SKAO 国际组织治理和决策中充分发挥作用，与各成员国一道共同推动 SKA 的顺利建设和运行，确保中国参与 SKA 各项目标的实现。根据 SKAO 的治理体系、组织架构及我国国内工作需要，SKA 中国办公室成立 SKA 管理工作支撑委员会，为我国参与 SKAO 国际组织治理、规则制定、建设、运行和研究开发等组织管理工作提供专业支撑。

（三）加强 SKA 专项专业化管理

为做好我国参加 SKA 建设与运行的各项履约工作，科技部组织国内射电天文相关领域优势单位和同行专家，研究形成了《中国参与 SKA 第一阶段履约方案》，从对外贡献、国内配套研发和组织管理等方面进行整体规划布局，为 SKA 专项工作的有力推进和高效管理提供保障。科技部成立 SKA 专项专家委员会，由国内相关领域科学、技术和管理专家组成，为SKA 专项各项工作的有效实施提供咨询意见。

SKA 专项专家委员会设首席科学家和总工程师各 1 名。

在 SKA 专项国内配套研发项目管理中，针对不同特点的科学研究方向设置了重点、特色和培育 3 类国内配套研发项目，实行多元化分类管理，更好地遵循基础学科的研究规律，满足不同研究任务目标需要，创新项目管理模式，激发科研人员创新活力。在两个重点研究方向中推行科技部主导、管理机构主责、责任单位统筹协调的 SKA 项目管理机制和责任体系，确保重点研究方向科学目标的实现。探索实行“揭榜挂帅”“赛马”等制度，适时推行首席科学家负责制、经费包干制、信用承诺制等改革举措，并通过设置一定比例的青年科学家项目加大对青年科学家的支持。加大对外开放力度，探索面向全球公开征集选取科研团队共同参与项目研究的组织机制，面向全球吸引和集聚高端人才，以项目为载体形成具有国际水平的 SKA 科研团队，构建面向全球的开放创新生态。

六、结语

积极参与和组织国际大科学计划、大科学工程是我国以全球视野谋划和推动创新、主动布局和融入全球创新网络、提升我国在全球创新规则制定中话语权的重要举措。持续深入参与 SKA，有助于提升我国参与国际大科学工程的经验，统筹全球科技创新资源，促进国内射电天文相关科学和高新技术领域的发展，建立以合作共赢为核心的新型全球SKA科技伙伴关系网络。未来，中国将本着平等互利、合作共赢的理念，与各成员国共商共建 SKA，共同推动 SKAO 国际组织创新治理、科学研究、技术研发、望远镜建设和运行，“携手探索浩瀚宇宙、共创人类美好未来”，为建造世界上最大的综合孔径射电望远镜、推动世界天文学及相关科学和技术的发展、推动人类科技和文明进步贡献中国力量。

附录 1　SKA 项目基本情况

一、SKA 基本情况

SKA 是由全球多国参与的国际大科学工程，旨在建造和运行世界最大规模的综合孔径射电天文望远镜，主要工作在厘米—米波电磁波段，以大量小单元天线汇聚实现综合孔径射电干涉成像，其总接收面积达 1 平方公里。SKA 采取逐步建设、建成一部分即运行一部分的分阶段建设方式，根据 SKAO 国际组织的规划，SKA1 将建设约 10% 的 SKA，其余部分的望远镜单元将在 SKA2 建设。

根据 SKA 建设计划，目前 SKA1 由两套独立的观测设备组合而成，分别是工作在不同频段的中频阵列和低频阵列，具体如下。

（1）中频阵列——由 133 面直径 15 米的反射面天线和 64 面直径 13.5 米的 MeerKAT 望远镜天线组成，覆盖频率为 350 MHz~15.4 GHz（目标达到 24 GHz），将建于南非卡鲁地区。

（2）低频阵列——由约 13 万个对数周期天线单元组成的 512 个子阵（每个子阵有 256 个天线）组成，覆盖频率为 50~350 MHz，将建于西澳大利亚的默奇森射电天文台。

SKA 的巨大尺寸和天线数量意味着与现有最先进的望远镜相比，它将在灵敏度、分辨率和巡天速度上取得重大飞跃——SKA 的高灵敏度将使它能够比现有的望远镜看到更深远的宇宙；SKA 的高分辨率使它能够揭示比以往观测到的更清晰的细节；SKA 的大视场使它可以一次看到更广阔的天空，极大地提高巡天速度。建成后的 SKA 将具备以下几个特点。

（1）高灵敏度：相比目前最大的射电望远镜阵列 JVLA（Jansky Very Large Array），建成后的 SKA 灵敏度提高约 50 倍。

（2）大视场：SKA 具有极大的观测视场，能对 1 000 000 个星系和瞬变现象成像；相比 JVLA，巡天速度提高约 10 000 倍。

（3）宽频率范围：SKA 低频阵列覆盖频段为 50 ~350 MHz，中频阵列覆盖频段为 350 MHz~15.4 GHz（目标达到 24 GHz），具备在多频段同时进行观测和成像的能力。

（4）高分辨率：百公里低频基线和千公里中频基线阵列的分布使 SKA 具有对致密天体的精细结构进行成像的能力，拥有毫角秒级的分辨本领。

二、SKA 发展历程

1993 年 9 月，国际无线电科学联盟（URSI）组建大型射电望远镜工作组，并着手汇聚全球之力制定下一代射电天文台的科学目标及技术规范指标。自 1997 年起，来自 6 个国家（澳大利亚、加拿大、中国、印度、荷兰和美国）的 8 所研究机构签署了合作备忘录，开展大型射电望远镜的技术研究工作，也就是后来发展的 SKA 计划。2011 年 12 月，各方合作伙伴一道成立了非营利独立法人机构 SKA 组织（公司），它既是全球伙伴的合作平台，也是该项目建设准备阶段的集中领导机构。

2013 年 3 月，SKA 组织（公司）正式对外发出建设准备阶段研发任务的招标文件（Rf P），下设包括低频孔径阵列、反射面天线、中央信号处理、科学数据处理、信号与数据传输、基础设施、望远镜管理、组装集成验证、中频孔径阵列、宽带单像素馈源、相位阵馈源 11 个工作包。经过建设准备阶段各工作包联盟的设计研发，形成了 SKA 望远镜设计方案。

SKA 项目有 16 个参与国，所需的国际合作范围也是前所未有的。随着项目的落地，SKA 需要一个能实现如此庞大全球项目的管理架构，通过国际条约成立一个政府间国际组织，即 SKAO。SKAO 总部设在英国，作为一个独立法人机构负责建造和运营分设在南非和澳大利亚两个台址的 SKA 望远镜。2015 年，面向成立 SKAO 国际组织的政府间谈判工作正式启动。经过多年筹备，2019 年 3 月 12 日，澳大利亚、中国、意大利、荷兰、葡萄牙、南非和英国在罗马签署《成立平方公里阵列天文台公约》。2021 年，SKAO 国际组织正式成立。

三、SKAO 组织情况

SKAO 包括全球总部、两个望远镜台址、两套运行中心和附属的多个 SKA 区域中心（SKA Regional Centre，SRC）。SRC 有单独的资金来源，不在 SKAO 建设和运行预算之内。

SKAO 的职能结构如附图 1-1 所示。

望远镜运行活动由位于两个台址的多个运行中心负责执行，具体有工程运行中心（Engineering Operations Centre， EOC）、科学运行中心（Science Operations Centre， SOC）及科学处理中心（Science Processing Centre，SPC）。EOC 主要负责望远镜阵列物理组件运行、维护和维修等工作。SOC 主要负责与望远镜相关的科学运行活动，包括望远镜的控制、观测执行、质量评估等工作。SPC 为两个台址的高性能计算中心，将承载科学数据处理器（Science Data Processor，SDP），并将产出的数据产品传输到各个 SRC 中。

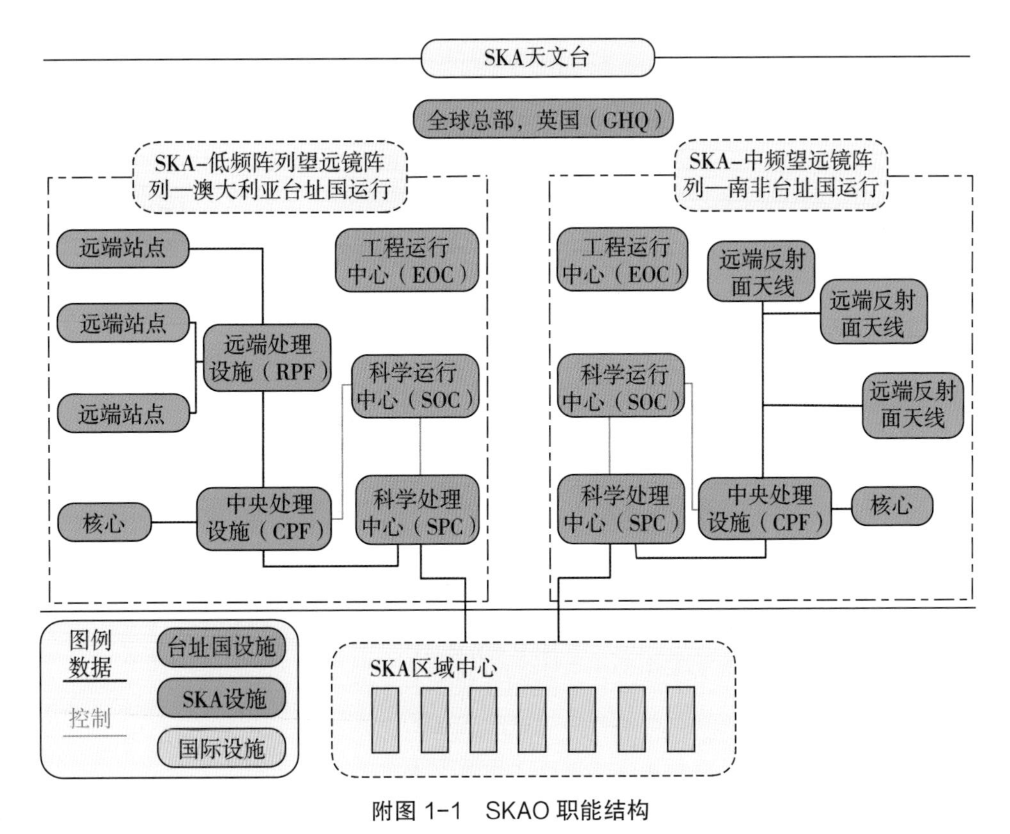

附图 1-1　SKAO 职能结构

（图片来源：SKA Observatory Establishment and Delivery Plan）

SKAO 的组织架构如附图 1-2 所示。

SKAO 关键的治理委员会和工作组，以及其与 SKA 天文台理事会的关系如附图 1-3 所示。

天文台理事会是 SKAO 的治理机构，负责天文台的整体战略和科学方向，实现天文台的建设目标。

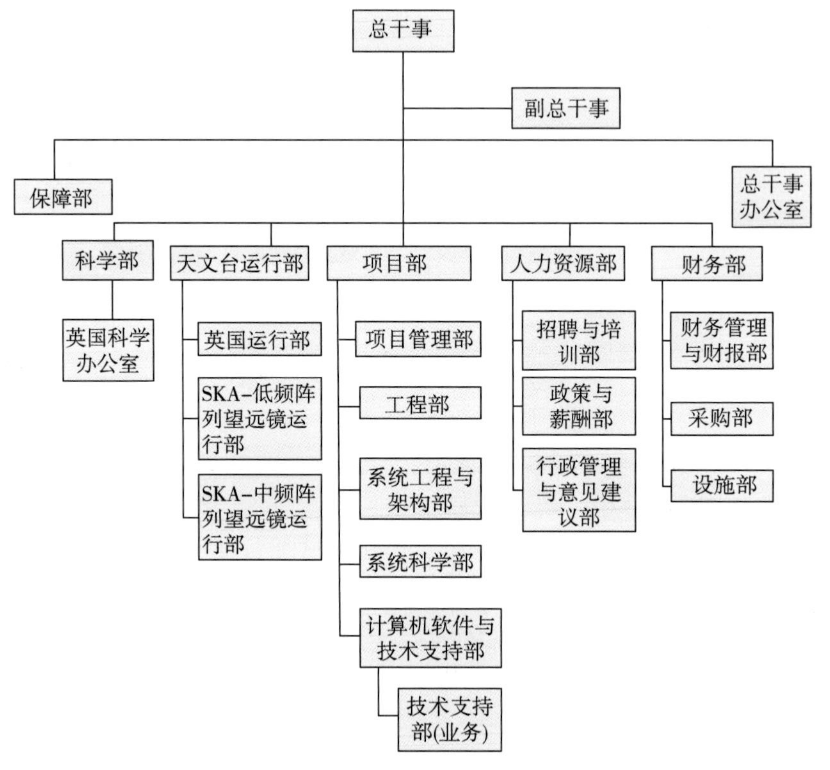

附图 1-2　SKAO 组织架构

（图片来源：SKA Observatory Establishment and Delivery Plan）

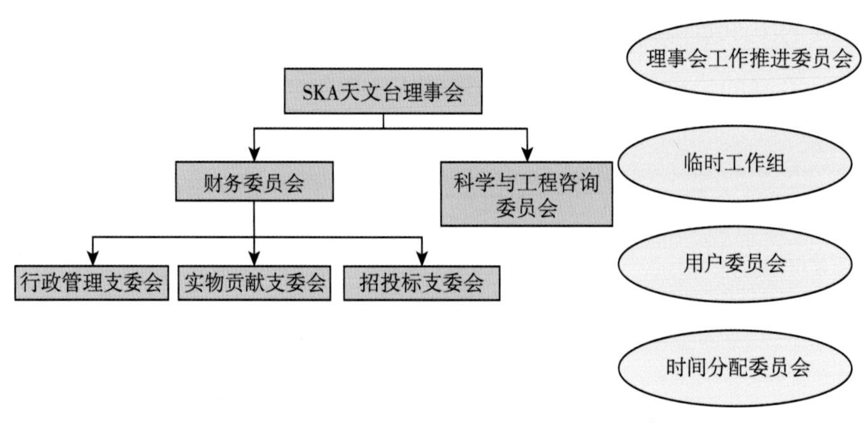

附图 1-3　SKAO 治理结构

（图片来源：SKA Observatory Establishment and Delivery Plan）

财务委员会直接向 SKAO 理事会报告，并有相当广泛的职权范围。除了监督所有财务问题外，它还下设 3 个支委员会，负责监督一般行政和法律问题、采购和招投标过程、交付实物贡献。

科学与工程咨询委员会是理事会的主要技术咨询委员会。其成员具有广泛的科学、工程和技术专业知识，包括计算机和软件开发，并就科学优先事项、新兴技术发展和机遇向理事会和总干事提供广泛的建议。

时间分配委员会负责评估所有申请使用 SKA 进行观测的科学提案，根据科学价值对提案进行排名，并向总干事推荐科研计划。

用户委员会负责向总干事提供来自天文台科学用户的意见和建议，以及关于望远镜的性能和科研计划的反馈。

SKAO 还将通过召开非正式的理事会工作推进委员会来讨论问题，预计将根据需要成立临时工作组和咨询小组。

四、SKA 的科学驱动

SKA 致力于回答宇宙最基本的一些重大科学问题，特别是关于第一代天体如何形成、星系形成与演化、暗能量性质、宇宙磁场、引力本质、生命分子与地外文明等。SKA 的科学驱动可概括为以下 8 个方向。

（一）探索黑暗时代：宇宙黎明和再电离时期

宇宙起源：何时何地产生了第一代恒星、星系和黑洞？

SKA 将通过氢发出的微弱射电波，描绘出从宇宙黎明开始到再电离时期结束的完整图像。由此获得的宇宙最初 7 亿年的动态图像，将解答以下诸多问题：第一代恒星究竟是何时形成的？恒星、大尺度星团或者早期黑洞是宇宙加热和电离的主导来源吗？这一过程究竟是如何展开的？宇宙从黑暗到光明是单一过程，还是不同时期由不同加热过程主导的间歇性过程？宇宙历史上的这一重要篇章早已写就，尚待我们去品读。

（二）宇宙学与暗能量

我们是否可以揭开暗能量的神秘面纱？

它为何能“掌控宇宙”？

过去数十年，最出乎人们意料的一件事是：构成人体、列入元素周期表中的普通物质仅占据宇宙总量的极少部分，其质量还不及不可见暗物质的 1/5。后来，科学家们又发现了更大量的暗能量。由于现有理论未能预测这些宇宙成分，我们迫切需要利用观测建立更基础的物理理论。SKA 将通过把暗能量状态方程测量到 1% 精度，从根本上加深人类对这些神秘的暗成分的了解；在宇宙的尺度上限定对广义相对论的可能偏离；最大尺度上绘制宇宙结构，限定各向同性和均匀性等基本特性。

（三）在宇宙时中看恒星的形成

第一代恒星是何时以何种方式形成的？

恒星形成率是如何随时间变化的，又是为什么？

尽管恒星形成随时间增长或衰退的模式已基本确立，但仍存在许多未解难题。有证据表明，恒星在早期宇宙的基本形成模式与现在大相径庭，起初恒星诞生于超星团（SSCs）的高密度区中，但如今这种超星团却并不多见。这一模式何时何地首次出现？又为何消失？由于超星团很可能已经被深深掩盖起来，只有具有穿透性的射电频段才能探测到它们，因此，SKA 对于这些问题的解答将起到关键作用。借助于 SKA，人们或可探测到宇宙诞生 5 亿年时的超星团，并绘制宇宙诞生 10 亿年时的超星团结构图。SKA 将提供具有代表性的宇宙体积的无偏采样，与阿塔卡玛大型毫米波及次毫米波天线阵（ALMA）在较小巡天区域的工作形成互补。

（四）宇宙射电暴

快速和剧烈的射电暴的对应体是什么？

射电暴能告诉我们关于宇宙的哪些组成？

通过 SKA，人类有望定位数千个快速射电暴（FRB）的宿主星系，从而计算出宇宙的电离物质含量。人类将能首次利用射电暂现源追溯宇宙随时间的演化，还能揭开所谓的“重子缺失”问题之谜，确定宇宙电离史，并提供独立的新方法测量引起宇宙膨胀的主要因素——宇宙中的物质和暗能量。利用 SKA 对快速射电暴进行研究，将打开人类认识宇宙的全新窗口。

（五）星系演化

星系的生命周期是什么？

它们从哪里来？

到哪里去？

神秘暗能量的属性是什么？

SKA 将能够首次在宇宙演变的时间尺度上观测星系演化，这种演化过程可通过原子氢的积累和消耗来追踪。凭借其高强的原始灵敏度，SKA 将能探测到遥远的早期宇宙中星系形成前的中性氢气体聚集现象。SKA 将提供 1000 万个分布于 80 亿年演化历程的星系样本，大大增进人类对星系生命周期的了解。随着未来巡天速度的大幅提升，SKA 将有望对 125 亿年漫长宇宙史中 10 亿个独立星系进行有史以来最完整的星系普查。天文学家将根据这些数据对暗能量的性质做出最精确的测量。

（六）宇宙磁场

宇宙是如何被磁化的？

磁场何时何地产生及如何扩散？

磁场在宇宙中尺度小至厘米或大至几百万光年的结构中都发挥着重要作用，并且很可能影响全部的天体物理过程。通过 SKA，科学家们将能探测、研究和理解宇宙各种磁场的本质，解释磁场如何及何时形成并演化至今。SKA 将对超大射电源样本进行观测，获取不同方向不同距离的磁场成分，从而绘制出首个宇宙三维磁场图。

（七）挑战爱因斯坦：引力波

爱因斯坦关于引力的解释是否正确？

我们是否可以找到并理解引力波是从哪里来的？

2015 年，基于 4 公里长的干涉臂，地面激光干涉仪引力波天文台 LIGO 首次直接探测到了引力波。SKA 将整个银河系作为探测器来测量地面干涉仪无法探测到的长时标引力波（持续几个月甚至几年）。引力波直接示踪质量，因此，SKA 对宇宙中最重的黑洞和有关结构十分敏感。这种探测方法把旋转极快的辐射无线电波的中子星（“毫秒脉冲星”）当作银河系中精确的时钟使用。SKA 到每个脉冲星的距离可长达数千光年，因此，组成银河系尺度的类似 LIGO 的引力波天文台探测器。任何长周期引力波经过脉冲星都将在毫秒脉冲星的时间测量中诱导出具有相关性的扰动。SKA 项目的目标是探测来自各个方向和距离的长周期引力波背景。随着灵敏度的提高和观测时间的增加，将有望分辨出这类引力波的各个来源，并首次打开引力波天文学探索宇宙的新窗口，让人类深入了解星系的演化及引力的本源。

（八）生命的起源

太空中的砾石如何形成行星？

我们是宇宙中唯一的智慧生命体吗？

这一科学驱动力有双重目的：一是理解环绕年轻恒星盘中的砾石如何粘连在

一起形成巨石，最终聚集成行星的过程。借助 SKA 独特的设计，科学家们将精确观测到与这些聚集颗粒尺寸（几厘米至几米）相匹配的无线电波长，从而见证行星的形成，同时 SKA 的分辨率足以观测到恒星周围类地轨道上行星的形成过程。二是探测银河系内可能存在的其他技术高度发达的文明。

得益于 SKA 的高灵敏度，科学家们将有可能首次观测到来自临近恒星周围行星的类似于人类活动发出的射电信号。

附录 2　中国参与 SKA 基本情况

一、中国参与 SKAO 创立

（一）中国科技界参与 SKA 早期筹备

自 20 世纪 90 年代起，中国天文界和工业界在 SKA 倡议发起、概念遴选、科学目标讨论、系统设计、台址选择、关键技术研发及测试等方面进行了长期大量的工作。2011 年 12 月，中国与多国在意大利罗马共同创建了 SKA 组织（公司），是英国一家有限责任担保公司，共同推进 SKA 各项工作（附图 2–1）。

（二）科技部代表中国政府参与 SKA

2012 年 9 月，国务院授权科技部代表中国政府参与 SKA 建设准备阶段。同期，由科技部牵头，联合外交部、财政部、教育部、中国科学院、国家自然科学基金委、中国电科组建“SKA 部际协调小组”，统筹协调指导我国参与 SKA 建设准备阶段的有关工作，并成立“SKA 中国办公室”，具体设在科技部国家遥感中心，组织、协调和落实我国参与 SKA 的各项工作。

附图 2-1　中国与多国在意大利罗马共同创建了 SKA 国际组织

（图片来源：郝晋新）

SKA 组织（公司）负责 SKA 建设准备阶段的相关工作，其主要任务包括：SKA 组织（公司）架构的建立与规则制定、关键技术研发、科学目标设定、成本估算、建造计划拟定、政府间谈判组织协调等。SKA 组织（公司）的运行管理由总干事统一领导，下设行政部、政策发展部、科学部、项目部、运行部、任务保障部、宣传外联部等。成员全会是 SKA 建设准备阶段的最高决策机制，董事会负责 SKA 组织（公司）日常业务活动的管理和决策，成员全会和董事会均由各成员国指派代表组成；董事会下设董事会执行委员会、战略与业务发展委员会、科学与工程咨询委员会、财务委员会等，支撑董事会开展各项业务活动。科技部牵头会同部际协调小组相关部门，组织国内相关单位积极参与 SKA 建设准备阶段的工程研发、科学研究准备、政策制定及政府间谈判等工作。

（三）推动成立 SKAO 国际组织

2015 年 9 月，科技部曹建林副部长代表中国政府签署中国参与 SKA 第一阶段意向书，标志着中国与其他 SKA 成员国一道开始 SKA 政府间谈判。经过多年政府间谈判磋商，各成员国就包括天文台公约在内的 SKA 第一层级文件达成一致意见。2018 年，中国驻意大利大使李瑞宇代表中国政府小签《成立平方公里阵列天文台公约》。2019 年 3 月 12 日，中国、澳大利亚、意大利、荷兰、葡萄牙、南非和英国 7 个创始成员国在意大利罗马正式签署《成立平方公里阵列天文台公约》。来自签约国和印度、瑞典、加拿大、法国、日本、韩国、马耳他、新西兰、西班牙、瑞士等 10 余个国家和组织的 100 多名代表出席签约仪式。经国务院授权，时任科技部副部长、国家外专局局长张建国代表中国政府出席仪式并签署公约。《成立平方公里阵列天文台公约》的正式签署，是 SKA 的重要历史时刻，奠定了 SKA 成为现实的基础，是世界天文界的重要历史性事件，也标志着中国正式参与 SKA 第一阶段履约工作。同期，国务院批准科技部统筹考虑中方对外贡献、国内配套研发和组织管理，设立 SKA 专项（附图 2–2）。

附图 2–2　2019 年在意大利罗马正式签署《成立平方公里阵列天文台公约》

2021 年 4 月，全国人大常委会批准《成立平方公里阵列天文台公约》，习近平主席签署公约批准书。自 2021 年 6 月 26 日起，我国正式成为平方公里阵列天文台成员国，中国参与 SKA 进入全新阶段。2021 年 8 月 31 日，中国平方公里阵列射电望远镜启动大会在北京成功召开，科技部部长王志刚出席会议，来自 SKA 部际协调小组成员单位代表和国内相关领域专家参加会议，SKAO 国际组织总干事、理事会主席、南非高等教育和科学创新部部长以录制视频形式祝贺中国成为 SKAO 成员，共同见证中国 SKA 进入新阶段这一历史时刻（附图 2–3）。

附图 2–3　2021 年中国 SKA 启动大会在北京成功召开

二、中国参与 SKA 设计

（一）中方参与建设准备阶段设计研发情况

2013 年，SKA 组织（公司）向全球发布 11 个工作包任务，中国与 10 余个国家的优势科研单位组建国际工作包联盟，共同参与 SKA 建设准备阶段设计研发工作。中国电子科技集团公司第五十四研究所（简称“中国电科 54 所”）、中国电子科技集团公司第三十八研究所（简称“中国电科 38 所”）、清华大学、广州大学等国内高校及科研院所先后参与了低频孔径阵列、反射面天线、信号与数据传输、科学数据处理等 7 个国际工作包联盟的前期研发工作（附表 2-1）。

附表 2-1　中国参与建设准备阶段研发工作包情况

序号	工作包名称	国内主要参与单位
1	反射面天线	国家天文台、中国电科 54 所（JLRAT）
2	低频孔径阵列	中国电科 38 所（KLAASA）
3	信号与数据传输	清华大学
4	科学数据处理	上海交通大学、复旦大学、广州大学等
5	中频孔径阵列	中国电科 38 所（KLAASA）
6	宽带单像素馈源	国家天文台、中国电科 54 所（JLRAT）
7	相控阵馈源	国家天文台、中国电科 54 所（JLRAT）

经过建设准备阶段多年的技术攻关，中方部分研发团队在 SKA 工程建设涉及的关键技术中实现了从跟跑、并跑向领跑的跨越。在技术水平、性能指标、成本、技术成熟度和工程可实施性等方面具有明显优势。

（二）工程建设采购阶段中方参与的 4 个工作包情况

1. 反射面天线

反射面天线工作包的主要研究任务包括反射面天线结构与控制（含微波光学）、单像素馈源与低噪声放大器、接收机、本地监控，以及所有支撑系统与基础设施的设计和验证工作，使其满足 SKA 的需求。

中国电科 54 所作为 SKA 反射面天线工作包联盟牵头单位，牵头组织管理工作包的关键技术研发工作。2018 年 2 月 6 日，由中方主导，德国、南非及意大利等国家共同参与的 SKA 首台天线样机完成组装工作，由 SKA 组织（公司）、SKA 中国办公室主办，中国电科 54 所和天线工作包联盟承办了 SKA 首台天线样机的出厂仪式，出席会议的领导给予了高度评价（附图 2-4）。

附图 2-4　2018 年 2 月 SKA 首台天线建成庆典在石家庄举行

目前，工作包联盟包括来自中国、德国、南非、英国、意大利、加拿大、瑞典、葡萄牙、西班牙、澳大利亚等 10 个国家的 21 个成员组织，除第一台联合研发的样机外，由德国马克斯 · 普朗克天文台出资的第二台样机（SKA-MPI）已在南非台址完成了安装，也正在进行集成测试验证工作（附图 2-5、附图 2-6）。

附图 2-5　2018 年 7 月科技部部长王志刚一行访问南非 SKA 台址

附图 2-6　南非 SKA-MPI 天线照片

2021 年 7 月，SKA 中国办公室就承担反射面天线伺服控制系统研发任务与 SKAO 签署了合作备忘录，中方技术团队将基于自主知识产权承担相关研发工作，完成指向精度等伺服性能的测试与验证，推动 SKA 反射面天线建设工作的顺利启动。

2. 低频孔径阵列

SKA 低频孔径阵列由 13 万只对数周期双极化天线单元组成，并采用稀疏布阵方式。低频孔径阵列天线单元接收到电磁信号后，通过射频光纤传输至中央处理设施，然后对每个天线单元接收的电磁信号进行单元级数字化、信道化、波束形成，并将波束形成结果传输给中央信号处理工作包。

在低频孔径阵列中，中国电科 38 所从事系统体制与总体设计、数字信号处理、站稳定性与校准验证等核心研发任务。中国电科 38 所针对 SKA 低频孔径阵列面临的系统体制与装置校准关键问题，提出了移动处理节点的本地数字化方案，形成了簇阵列单元级信道化、数字波束形成、数据交换、阵列现场实时校准等一体化功能，该方案已成为 SKA 低频验证的标准架构。自主研发设计的子阵处理模块（CTPM）实现了 400 MHz 瞬时带宽下同时 8 波束，峰值计算能力大于 1TFLOPS（附图 2–7）。低频孔径阵列数字处理系统实物如附图 2–8 所示，移动处理节点实物如附图 2–9 所示，其中移动处理节点具有多个站处理能力。

附图 2–7　低频孔径阵列子阵级处理模块 CTPM

附图 2-8　低频孔径阵列数字处理系统

附图 2-9　移动处理节点实物

低频孔径阵列工作包联盟的成员单位包括荷兰射电天文研究所（ASTRON）、澳大利亚射电天文国际研究中心（ICRAR）、意大利国家天体物理研究所（INAF）、中国电科 38 所（KLAASA）、英国天文技术中心、英国剑桥大学、英国牛津大学等。

2018 年，低频孔径阵列工作包完成关键设计评审。目前中国电科 38 所正在 SKAO 带领下协同其他成员单位，开展桥接计划第三阶段工作，对低频孔径阵列的系统稳定性、数字多波束形成关键技术、系统可校准性展开全面验证。

3. 信号与数据传输

信号与数据传输（SaDT）工作包负责 SKA 各单元间数据和信息传输所需的所有硬件和软件技术，同时负责提供干涉观测的关键环节，即时间频率标准。

清华大学主要承担 SKA 中心站到各天线单元的高精度参考频率分发与同步技术的研究（附图 2-10）。结合 SKA 频率同步光纤网络规模大、结构复杂、使用环境恶劣（沙漠环境温差大，暴风冰雹等极端天气常见）等特点，团队设计了适用于 SKA 一点对多点结构和恶劣环境的频率分发系统。其噪声补偿结构后置于接收端，发射端结构简单，为可插拔形式，方便扩容，一个发射端机箱可以同时向 9 个天线分发参考频率信号，适用于 SKA 一个中心站向数千个天线传输频率信号的结构。目前，该系统已进入 SKA1 分配型采购阶段。SKA 总部所在地英国乔卓尔·班克 (Jodrell Bank) 天文台也对该设备表现出浓厚兴趣，订购了两套用于其 e-Merlin 望远镜阵列上。

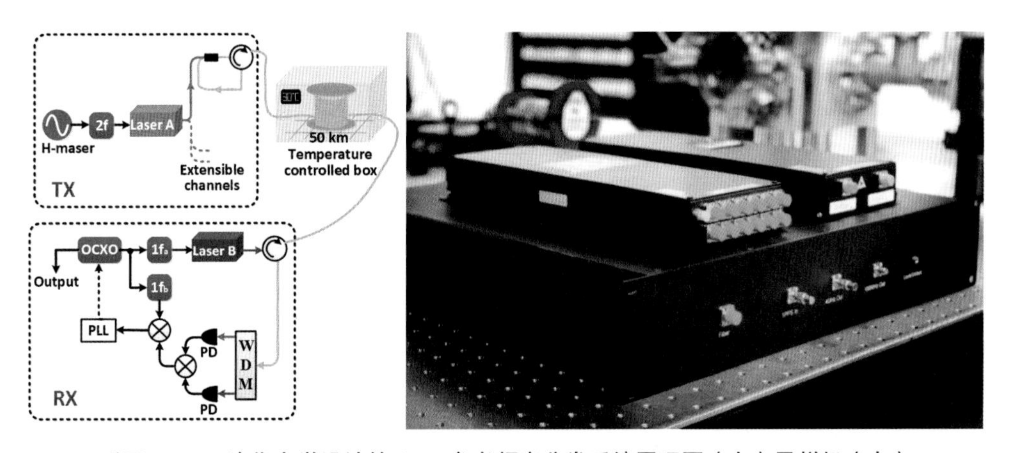

附图 2-10 清华大学设计的 SKA 参考频率分发系统原理图（左）及样机（右）

SaDT 联盟由英国曼彻斯特大学牵头，主要参与方包括清华大学、英国国家物理实验室（NPL）、西澳大利亚大学、荷兰甚长基线干涉联合实验室（JIVE）等。该工作包联盟已完成系统级 CDR 评审。目前，该工作包联盟已正式进入采购准备阶段，低频阵列部分计划于 2022 年下半年在澳大利亚台址开展电磁兼容性测试及系统层级验证。

4. 科学数据处理

科学数据处理工作包的核心硬件技术内容包括：针对 SKA 科学数据处理的基础计算环境，即高性能、低功耗的 CPU，高带宽、低延时的高性能网络通信架构，高性能、高吞吐、高并发的存储设备，以满足 SKA 科学数据处理中并行处理计算的需求。

SDP 工作包的核心软件技术内容包括：面向数据密集型和计算密集型需求的、可扩展的、海量数据和元数据的处理框架；SKA 关键算法程序的并行与分布实现及优化；远程超大规模的数据同步与归档系统；面向异构环境（CPU、GPU、FPGA）的计算架构与计算模型实现；支持数据流管理、计算性能、I/O 读写机制等可视化的系统性能监控系统。

自进入 SKA1 建设阶段以来，SDP 工作包明确由英方总牵头，整个建设围绕 SKA 的设计基线要求，围绕 SDP 的工作目标开始工作。研发工作完成基于敏捷开发思想，每 3 个月为一个 PI 周期。研发团队主要来自英国、澳大利亚、南非、荷兰、意大利、葡萄牙等。2021 年 8 月，我国广州大学研究团队通过 SKAO 国际采购招标，成功入围 SDP 建设团队，在建设中承担高性能算法分析等工作（附图 2-11）。

附图 2–11　2018 年 10 月 SDP 工作包关键设计评审在 SKAO 总部召开

三、中国参与 SKA 科学准备

（一）逐步确立中国 SKA“2+1”科学目标

2014 年 4 月，“SKA 科学目标及相关重要问题研讨会”在上海召开。会议经过充分研讨，提出了中国 SKA“2+1”的科学战略目标，即两个优先和其他科学目标：①利用中性氢探测宇宙黎明和再电离时期，即所谓“宇宙第一缕曙光探测”；②寻找脉冲星，并以此精确检验引力理论和实施引力波探测；③若干重要天体物理方向，包括中性氢宇宙、暂现源、磁场和地外文明探测等。

2015 年 SKA 组织（公司）联合全球 20 多个国家、500 余名顶尖科学家，共同讨论并确定了 SKA 望远镜重点科学目标，涵盖了宇宙学、宇宙再电离时期探测、脉冲星物理、宇宙磁场、生命摇篮等相关科学内容。建设准备阶段，SKA 组织（公司）确认了 13 个优先科学目标，成立了 14 个科学工作组，中方科研人员积极参与其中，在个别科学工作组中还担任了核心成员。

2016 年 12 月，经中国科学院推荐、科技部批准，武向平院士担任中国 SKA 首席科学家，统筹中国 SKA 科学活动。在武向平院士的牵头领导下，围绕中国 SKA“2+1”科学目标，确定了中国 SKA 主要的 10 个科学研究方向，编制形成《中国 SKA 科学报告》并于 2019 年正式出版，为中方参与 SKA 科学研究奠定了良好基础。

2018 年 12 月，科技部在北京组织召开了中国参加平方公里阵列射电望远镜（SKA）第一阶段综合咨询论证会。中国科学院院士叶叔华、詹文龙等近 20 位国内知名专家及科技部、教育部、中国科学院、国家自然科学基金委、中国电科等相关部门和单位代表出席了会议。武向平院士代表编写专家组汇报了《中国参与平方公里阵列射电望远镜（SKA）第一阶段综合论证报告》，论证专家组一致通过报告论证，建议中国应积极参与SKA第一阶段的建设和运行，并尽快设立国内专项。

2020年，在《中国参与平方公里阵列射电望远镜（SKA）第一阶段综合论证报告》的基础上，SKA 中国办公室组织专家，研究形成了《中国参与 SKA 第一阶段履约方案》和《中国参与 SKA 第一阶段科学部分细化方案（2020—2024 年）》，进一步明确了中国 SKA“2+1”科学目标，并为 SKA 专项实施奠定基础。

（二）中国 SKA“2+1”科学目标概述

中国 SKA“2+1”科学目标选定的 10 个科学方向与国际 SKA 遴选的优先科学目标高度契合，以下对 10 个科学方向进行简要介绍。

1. 宇宙黎明与再电离探测

宇宙大爆炸之后的几千万年到几亿年，诞生了第一代发光天体。第一代发光天体的光子电离中性氢，使中性氢原子发生超精细结构子能级跃迁，并产生波长为 21 厘米的辐射。通过使用 SKA 在低频射电波段探测中性氢的 21 厘米辐射，可以研究第一代发光天体的产生和形成过程，从而了解宇宙从黑暗走向光明的历史。

2. 脉冲星搜寻、测时和引力检验

脉冲星相关观测被 SKA1 列为首要科学目标之一，大视场、高灵敏度、多波束等特点使得 SKA 成为搜寻脉冲星的强大工具。SKA1 的计划是利用 SKA1-mid 和 SKA1-low 进行脉冲星搜寻和计时观测，新脉冲星的发现及对这些新脉冲星进行的后续测时观测，将提供广义相对论检验、银河系中心黑洞探测、银河系星际介质探测、引力波探测、中子星内部物态探测等研究物理学基本问题的新手段。

针对 SKA 的实际情况和技术特点，脉冲星相关观测研究将有望取得重大突破。脉冲星巡天方面，SKA 的大视场和高灵敏度将大大提高发现脉冲星的数量，在此基础上有可能发现极为特殊的脉冲星系统（如黑洞—脉冲星双星），为探测基础物理提供高价值试验平台。对脉冲星的后续测时观测，将在4个方向取得突破，包括：①在强引力场中精确检验引力理论，探索非微扰强相互作用；②直接探测引力波和超大质量双黑洞，在辐射极限下检验引力理论；③精确测量大质量脉冲星的质量，通过确定重子基态来探索非微扰强相互作用；④研究星际介质的时变行为。我国 SKA 计划着重对上述关键问题展开研究。

3. 中性氢巡天和宇宙学研究

利用 SKA 的高灵敏度对较高红移的星系和大尺度结构中性氢进行观测。以中性氢作为示踪物绘制宇宙大尺度结构，可以通过相关函数和功率谱的精确数据推断宇宙暗能量的性质，并为研究宇宙起源、暗物质的性质、测量中微子质量、研究星系与星系际介质的物质交换和循环等提供极为重要的探测手段。

4. 宇宙磁场

宇宙磁场只有通过高灵敏度偏振观测才能深入探索，SKA 将对宇宙磁场研究带来革命性突破。通过对上千万个偏振河外射电源的观测，绘制银河系、近邻星系和星系团中磁场三维结构图；通过对射电星系的偏振观测，理解磁场在喷流形成中的作用。结合观测和数值模拟，揭示宇宙磁场的起源和演化，理解磁场在大尺度结构形成和演化中的关键作用。

5. 星际介质

最新科学发现，地球上的大部分碳可能来自星际介质。星际介质是指存在于宇宙空间，主要由电子、原子和分子状态的气体，以及尘埃和宇宙线等组成的物质。

宇宙是怎么来的？生命的源头又在哪里？外星人真的存在吗？也许星际介质能为我们解答这些问题。星际介质不仅参与了星系从诞生到湮灭的整个过程，还是研究宇宙起源、天体起源、生命起源的重要探针。SKA1 在灵敏度和分辨率上的提高，相当于地球拥有了既灵活视力又很好的眼睛，在未来能帮助人们更准确地判断星际介质中的信息。这个方向将以 SKA1 的连续谱和谱线巡天数据为主，围绕银河系三维结构、恒星的诞生过程和恒星死亡后残留遗迹开展研究。同时，还将利用机器学习等技术从巡天数据中自动搜寻行星状星云、超新星遗迹的候选体，为恒星演化的研究累积数据。

6. 暂现源探测

暂现源是 SKA 的首要科学目标之一。SKA 以其较高灵敏度和较大视场，能够对包括快速射电暴（FRB）在内的多种暂现源进行快速反应及高时频射电监测。SKA1 在 FRB 领域最为明确的革命将是对 FRB 的大样本精确定位，打破高红移记录，有效示踪缺失重子物质和追溯宇宙演化历史。SKA1 还将探测到多种其他爆发现象，包括引力波事件、伽马射线暴、超亮超新星、黑洞潮汐瓦解恒星事件等高能暂现源，为深入研究相关基本天体物理问题（如揭示黑洞、中子星极端物理）和探索新物理提供机遇。面对未来 SKA 的海量观测数据，结合人工智能手段所完善的数据处理技术方法，将有效解决大数据时代下的暂现源实时探测和快速分类等挑战。

7. 活动星系核反馈和黑洞

黑洞是宇宙中最神秘的天体之一。近 20 年来，天文学的一个重大发现是观测到位于星系中心的超大质量黑洞，与星系的形成与演化存在深刻的联系。初步的理论研究指出，这个联系起源于活动星系核反馈，即在吸积物质过程中，超大质量黑洞释放的巨大能量对寄主星系所产生的重要影响。SKA1 在射电波段拥有极高的灵敏度，能够研究确认不同光度活动星系核反馈在各类星系中的观测特征、解析不同光度活动星系核如何与星系中的气体相互作用并影响恒星形成、星系演化。

8. 中性氢星系动力学和演化

星系的形成和演化是 21 世纪最关键的天体物理课题之一。中性氢是星系的基本组成成分，星系的形成是从中性氢云团在引力作用下塌缩而开始的。而星系演化的过程就是中性气体不断冷却变密形成分子气体，进而塌缩形成恒星的过程。因此，研究宇宙中中性氢的含量和分布及其随时间的演化是我们了解星系成长物理过程的主要手段。本方向利用中性氢的 21 厘米谱线开展系统成图观测，研究星系的形成和演化。SKA 计划对数以万计的星系进行深度的中性氢成像观测，系统性地研究星系内和周围冷气体的分布和动力学结构，探测不同类型星系的暗物质分布，揭示环境对星系演化的作用，检验星系演化的模型，明确中性氢在星系形成和演化中所起的重要作用。

9. 生命的摇篮

研究生命的起源是 SKA 自其概念提出以来就有的核心科学目标之一。包括：观测原行星盘中厘米尺度砾石的空间分布和盘风中的热气体，以及岩屑盘中的冷尘埃成分，以揭示盘演化和行星形成的物理机制；利用 SKA1-mid 搜寻星际空间中包括氨基酸在内的生物分子，从而探讨地球生命起源的要素是否可能来自地外；利用 SKA 提供的海量分子谱线观测数据，开展实验室分子光谱研究，模拟星际环境探索地球上难以稳定存在的地外分子；利用 SKA1-low 探测系外行星极光、研究系外行星的磁场，从而探讨其物理条件是否允许生命存在；对 60 pc 距离范围内超过 1 万颗恒星进行搜寻，探索可能来自地外文明的无线信号。

10. 超高能宇宙射线低频探测

超高能宇宙射线及中微子作为极端宇宙的独特信使，是寻找超高能宇宙射线的起源、揭示剧烈天体活动物理机制的关键。利用低频射电方法探测超高能宇宙射线是 SKA 的前瞻科学目标之一，SKA 利用高密集核心阵对探测超高能宇宙射线产生的低频射电信号有很大优势。在国内率先开展验证实验，研究低频射电方法探测超高能宇宙射线的事例甄别、大倾角事例性质重构等关键技术及数据处理方法，并利用 FAST 开展月面 Askaryan 脉冲搜寻，为未来 SKA 的探测超高能宇宙射线奠定基础。

附录 3　中国 SKA 大事记

时间	事件
1993 年 8—9 月	包括中国在内的 10 个国家天文学家在京都国际无线电科学联盟（URSI）大会上提出建造大型射电望远镜的倡议
2000 年 8 月	国际天文学联合会上中国与其他国家签订了成立平方公里阵列推进委员会的协议
2003—2005 年	中国参与 SKA 台址候选地点申请
2011 年 11 月	中国与澳大利亚、南非、英国、法国、荷兰、意大利等国在罗马共同创建国际 SKA 组织（公司），中国科学院国家天文台代表中国参加 SKA
2012 年 9 月	国务院批准科技部加入 SKA 建设准备阶段，并授权由科技部牵头，联合国内相关部门组建部际协调小组。部际协调小组成员单位包括外交部、财政部、教育部、中国科学院、国家自然科学基金委、中国电科等国内相关部门和单位，SKA 中国办公室设在国家遥感中心
2013 年 3 月	SKA 组织（公司）正式对外发出建设准备阶段研发任务招标文件，中国与 10 余个国家的优势科研单位组建国际工作包联盟，共同参与建设准备阶段 SKA 工程设计研发工作
2015 年 9 月	中国签署参与 SKA 建设第一阶段意向书，开始 SKA 政府间谈判工作
2017 年 10 月	中国成为 SKA 反射面天线国际工作包联盟主席国，领导反射面天线的研发工作
2018 年 7 月	中国政府小签天文台公约等 SKA 第一层级文件
2018 年 7 月	习近平主席访问南非，在中南科学家高级别对话会中指出，SKA 是包括中国在内多国科学家参与的重点项目，也是中南重点科技合作项目，勉励双方科学家把项目建设好
2018 年 12 月	科技部组织完成中国参与 SKA 第一阶段综合咨询论证工作

续表

时间	事件
2019 年 3 月	中国与澳大利亚、意大利、荷兰、葡萄牙、南非、英国在罗马共同签署《成立平方公里阵列天文台公约》，成为 SKAO 创始成员国，同期国务院批准科技部设立 SKA 专项
2020 年	科技部成立 SKA 专项第一届专家委员会，设立中国 SKA 首席科学家和总工程师，部署启动 SKA 专项首批国内配套研发项目
2021 年 4 月	全国人大常委会批准《成立平方公里阵列天文台公约》，习近平主席签署公约批准书，中国正式成为 SKAO 国际组织成员国
2021 年 8 月	中国 SKA 启动大会在北京成功召开，标志着我国参与 SKA 进入全新发展阶段

附录 4　中方参与 SKAO 阶段主要决策治理机制代表情况（2021 年至今）

SKAO 理事会：

成员代表：赵静（投票代表，2022 年 5 月至今）、陈霖豪（投票代表，2021 年 2 月至 2022 年 5 月）、王琦安

理事会委员会：赵静（投票代表，2022 年 5 月至今）、陈霖豪（投票代表，2021 年 2 月至 2022 年 5 月）、王琦安

科学与工程咨询委员会：郑倩

财务委员会：孙晓芸

财务委员会招投标支委会：卢雨（联合主席）

财务委员会实物贡献支委会：刘爽

财务委员会行政管理支委会：杨洁

附录 5 第一届 SKA 专项专家委员会名单（2020—2025 年）

序号	单位	姓名	职称 / 职务
1	中国科学院国家天文台	武向平	院士 / 中国 SKA 首席科学家
2	中国科学院国家天文台	郝晋新	研究员
3	中国科学院上海天文台	沈志强	研究员
4	中国科学院紫金山天文台	毛瑞青	研究员
5	中国科学院新疆天文台	王娜	研究员
6	中国科学院云南天文台	汪敏	研究员
7	南京大学	李向东	教授
8	广州大学	樊军辉	教授
9	厦门大学	顾为民	教授
10	中山大学	林伟鹏	教授
11	中国电子科技集团有限公司第五十四研究所	王枫	高工 /SKA 专项总工程师
12	清华大学	王力军	教授
13	中国电子科技集团有限公司第三十八研究所	靳学明	高工
14	上海交通大学	骆源	教授
15	中国科学院电子学研究所	方广有	研究员

续表

序号	单位	姓名	职称 / 职务
16	华为技术有限公司	王龙	首席规划师
17	中国科学院国家授时中心	张首刚	研究员
18	中国科学院上海高等研究院	钱骅	研究员

参考文献

[1] SKAO. SKA Observatory establishment and delivery plan [R].UK: SKAO, 2021.

[2] SKAO. SKA phase1 executive summary [R]. UK: SKAO, 2021.